图书在版编目（CIP）数据

咚咚咚，敲响编程的门.3,编程乱七八糟也不怕 /(韩) 李春英著 ;(韩) 禹智贤绘；程金萍译.— 青岛 : 青岛出版社, 2020.7

ISBN 978-7-5552-9284-5

Ⅰ.①咚… Ⅱ.①李… ②禹… ③程… Ⅲ.①程序设计－儿童读物 Ⅳ.①TP311.1-49

中国版本图书馆CIP数据核字(2020)第116735号

山东省版权局著作权合同登记号　图字：15-2020-200

书　　名　咚咚咚，敲响编程的门③：编程乱七八糟也不怕
著　　者　[韩] 李春英
绘　　者　[韩] 禹智贤
译　　者　程金萍
出版发行　青岛出版社
社　　址　青岛市海尔路182号（266061）
本社网址　http://www.qdpub.com
邮购电话　0532-68068091
责任编辑　王建红
美术编辑　于　洁　李兰香
版权编辑　张佳琳
印　　刷　青岛乐喜力科技发展有限公司
出版日期　2020年7月第1版　2020年7月第1次印刷
开　　本　16开（889mm×1194mm）
印　　张　17.5
字　　数　210千
书　　号　ISBN 978-7-5552-9284-5
定　　价　182.00元（全7册）

编校印装质量、盗版监督服务电话 4006532017　0532-68068638
建议陈列类别：少儿科普

咚咚咚，敲响编程的门

编程乱七八糟也不怕

[韩] 李春英 / 著

[韩] 禹智贤 / 绘

程金萍 / 译

青岛出版社

QINGDAO PUBLISHING HOUSE

娜娜的爸爸妈妈因为工作太忙，经常很晚才回家。

今天也和往常一样。娜娜一边吃晚饭，一边打开了电视。

"咦，那是什么呀？"娜娜自言自语道。

此时，电视机里正在播放一条关于全新机器人面世的广告："彩虹机器人公司推出了最新款机器人，所有猜对产品编号的人都将免费得到这款机器人，成为它的主人！大家快来挑战吧！"

娜娜立刻用手机输入自己的姓名、地址，还有4个数字，发送了过去。

几天后，娜娜收到了一个超大的快递箱，箱子里有一个和她的体型大小差不多的机器人，娜娜激动地叫了起来："哇！我猜对产品编号了！"

机器人古莫，产品编号 1023。

娜娜兴奋极了，她快速按下机器人的电源按钮，只听机器人说道："我是古莫，产品编号 1023。我可以根据计算机中输入的指令进行工作。"

"计算机中输入的指令？"娜娜有些听不明白。

"是的，我会完全根据指令的顺序一丝不苟地工作。在让计算机执行某项任务时，需要按顺序编写一组计算机能识别的指令，也就是**程序**，然后指挥计算机做各种事情，这个过程被称为**编程**。"机器人回答道。

这时，爸爸和妈妈分别打来电话，告诉娜娜他们今天会晚一点儿回家。

"唉，今天又是我自己一个人。"娜娜叹口气，开始整理房间。

房间里，各种各样的物品扔得到处都是。

"要是有人能帮我一起收拾就好了。"娜娜觉得很沮丧。

突然，她灵机一动，向古莫求助："古莫，你能帮我整理一下地上散落的物品吗？"

"当然可以。"古莫回答道，它用语音
向娜娜展示了整理儿童房的步骤。

整理儿童房的步骤

1. 将书籍和玩具等物品收集起来。

2. 将书籍和玩具等物品按类别分开放置。

3. 将收纳箱全都拿过来。

4. 将书籍和玩具等物品分门别类地放入收纳箱。

5. 将收纳箱放回原位。

请确认！
如果你觉得可以的话，就请按一下我的蓝色鼻子！

古莫开始执行整理儿童房的程序。

一眨眼的工夫，它就把儿童房收拾得干干净净。

"啊，比我和爸爸整理得还干净整齐呢！古莫，你是怎么做到的？"娜娜大吃一惊，向古莫问道。

"我是根据计算机中输入的指令工作的。因此，我会完全根据指令的顺序一丝不苟地工作。"古莫又一板一眼地将刚刚说过的话重复了一遍。

妈妈和爸爸回来后见到了古莫，他们也都很喜欢它。

1 收集起来。

第二天，娜娜打算去朋友家玩。她穿上几天前新买的衣服。不过，她对自己的发型不是很满意。

"以前都是妈妈帮我把头发梳得美美的……"娜娜嘟嘟囔囔地说。

娜娜

来我家玩吧。

这时，娜娜又想起了古莫。"古莫，你会扎头发吗？要是会戴发卡就更好了。"娜娜问道。

"当然会了！"古莫回答道。

古莫用语音向娜娜展示了扎头发的步骤。

扎头发的步骤

1. 用梳子理顺头发。

2. 双手拢起头发，将马尾固定在左耳边的位置。

3. 用一只手攥住头发。

4. 用头绳扎紧梳好的头发。

5. 将发卡戴在头发上。

请确认！
如果你觉得可以的话，就请按一下我的蓝色鼻子！

　　娜娜对古莫的扎头发程序一点儿也不满意，她感叹道：
"要是能把头发扎成麻花辫就好了。"

　　"好的，请在'我的设置'里将程序调整为扎麻花辫。"
古莫回答道。

　　娜娜开心地笑了笑，她理清了扎麻花辫的步骤后，将
古莫内部的程序调整为扎麻花辫。

扎麻花辫的步骤

1. 用梳子理顺头发。

2. 将头发编成一个麻花辫，
并在发梢位置留出 3 厘米左右。

3. 在发梢上方 3 厘米处用头绳扎紧。

4. 将发卡戴在头发上。

真好，和妈妈给我扎的麻花辫一模一样！

当天晚上，娜娜的爸爸很疲惫，他早早地就睡着了，而娜娜的妈妈要忙碌到很晚。

所以，娜娜只能自己一个人睡觉。

如果是从前，她肯定会觉得很难过，而今天却不一样。

"古莫，你今天能不能哄我睡觉啊？"娜娜向古莫求助。

"当然可以！请稍等一下。"古莫用语音向娜娜展示了哄孩子睡觉的步骤，等娜娜确认后，它便开始执行了。

哄孩子睡觉的步骤

1. 和孩子一起选故事书。

⬇

2. 和孩子一起走进卧室。

⬇

3. 在床边声情并茂地给孩子读故事。

⬇

4. 读完故事书，关上灯，走出孩子的房间。

啪嗒！

ZZZ

古莫还没读完故事书，
娜娜就已经睡着了。

娜娜如今再也不是一个人了。
她和古莫一起吃饭。

她和古莫一起洗澡。

她还和古莫一起玩积木。

是！

古莫，给我一个黄色的积木。

娜娜喜欢的散步活动也可以顺利进行了，因为她可以和古莫一起去。

即便爸爸妈妈很晚才回家，娜娜一点儿也不害怕。

古莫，路上好黑啊，快把灯打开吧。

是！

可是有一天，彩虹机器人公司突然打来了电话，说：
"对不起，我们把中奖礼物错发给您了。明天，我们去
把机器人收回来。"

彩虹机器人公司的电脑竟然出现了失误！

"这怎么可能？！"娜娜伤心地大哭起来，她不想
和古莫分开。

娜娜哭了。
哔哔哔……

呜呜呜……

过了一会儿，娜娜停止哭泣，认真思考接下来该怎么办。突然，她灵机一动："没错，我把程序的步骤搞得乱七八糟就行了！"

听到娜娜激动的声音，古莫问道："什么乱七八糟？"

"古莫，我只要把你变成一个什么都不会做的机器人就可以了，这样他们就不会把你带走了。"娜娜调皮地说。

听到这里，古莫似乎明白了，它说道："是，在'我的设置'里，内部程序是可以调整的。"

4. 将书籍和玩具等物品分门别类地放入收纳箱。

嗖!

空!

是!

空!

空!

空!

完美!

娜娜把整理儿童房的重要指令
给删掉了,她高兴地喊道:"古莫!
乱七八糟大作战成功!"

娜娜把扎麻花辫的步骤1和步骤4调换了顺序，她的头发立刻变得乱糟糟的了。

"太棒了！乱七八糟大作战成功！"娜娜高兴极了。

　　“下一个乱七八糟大作战是什么呢？‘哄孩子睡觉’？”娜娜自言自语道。不过，她很快就摇了摇头，因为她实在是太喜欢古莫哄自己睡觉了。

　　“那就换一个吧！有了！乱七八糟地打扫卫生！”娜娜把打扫卫生的步骤调整得一团糟，不一会儿，家里立马就变得乱七八糟的了。

这时，门铃响了起来，原来是彩虹机器人公司的工作人员前来带走机器人古莫。

"实在抱歉，我们是来带走机器人的。"那位工作人员说。

娜娜装作若无其事的样子说道："机器人古莫压根什么都不会做！你看，它把我的头发梳得乱七八糟的，家里也弄得乱七八糟的。古莫真的是一个乱七八糟的机器人！"

娜娜的爸爸妈妈，以及彩虹机器人公司的工作人员看到这些，都觉得很惊讶。

不过，娜娜的这套乱七八糟作战计划并没有让这些大人们上当。

彩虹机器人公司的工作人员最终还是把古莫带走了。

古莫走了以后，娜娜做什么事情都无精打采的。

尽管爸爸妈妈总是抽出时间来陪她，她还是一点儿也不高兴。

不管是妈妈陪着她洗澡，

爸爸陪着她玩积木，

哼！

还是爸爸妈妈一起陪着她散步，
她都不开心。

娜娜躺在床上睡不着的时候，
总是会想起古莫。

突然有一天，一件出人意料的事情发生了：古莫竟然又回来了！

原来，娜娜实在是无法忍受和古莫分开，于是，她给彩虹机器人公司写了一封信，告诉他们自己为什么需要古莫。

彩虹机器人公司被娜娜的真情所感动，便又把古莫送了回来。

　　娜娜太兴奋了，她猛地一把抱住古莫，激动地说："古莫！即使你的程序是乱七八糟的，也没有关系。因为，我们可以把那些乱七八糟的步骤都调整回来！"

　　"是的！在'我的设置'里，内部的程序是可以调整的。"古莫依旧一板一眼地回答。

　　娜娜和古莫重新回到了彼此身边，在以后的日子里，他们会不会变得更加亲密呢？

按顺序输入指令！

对于那些根据计算机中编程的指令工作的机器人来说，如果想让它们正常工作，必须按顺序输入指令。将指令按顺序进行处理的过程被称为**顺次**。

因此，在理清需要机器人执行的任务时，每个步骤都必须详细、精确，而且不能有遗漏，顺序也不能调换。

大家一起来看一下，一旦指令出错会出现什么问题呢？

 如果步骤不够详细、精确，会怎样呢？

组装机器人的步骤

1. 将头安在身体上。

⬇

2. 安上两只胳膊。

⬇

3. 安上两条腿。

> 步骤一定要详细、精确！要不然，我会被做成一个怪物的。

重新输入！

组装机器人的步骤

1. 将头安在身体上。

⬇

2. 将一只胳膊安在身体左侧上方。

⬇

3. 将另一只胳膊安在身体右侧上方。

⬇

4. 将一条腿安在身体左侧下端。

⬇

5. 将另一条腿安在身体右侧下端。

> 嗯，胳膊和腿都安对了位置，很完美。

完美！

如果漏掉步骤呢？

刷牙的步骤

1. 打开牙膏盖。

⬇

2. 盖上牙膏盖。

⬇

3. 上下、反复刷牙齿，刷 2 分钟。

⬇

4. 用清水洗掉嘴里的牙膏。

⬇

5. 冲洗牙刷，放进牙刷杯。

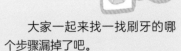

大家一起来找一找刷牙的哪个步骤漏掉了吧。

步骤 1 和步骤 2 中间，漏掉了"将牙膏挤在牙刷上"这个指令。

这样一来，虽然刷牙的过程很认真，但其实并没有起到清洁牙齿的作用哦！

一旦程序里漏掉了指令，哪怕只是一个指令，就会出现这样尴尬的结果！

> 啊，感觉怪怪的！

 如果步骤的顺序调换了呢？

穿衣服的步骤

1. 穿内衣。

⬇

2. 穿上衣。

⬇

3. 穿裤子。

⬇

4. 穿内裤。

⬇

5. 穿袜子。

大家能看出来穿衣服的哪些步骤调换了吗？

原来是步骤 3 "穿裤子"和步骤 4 "穿内裤"的顺序颠倒了。

我们要先穿内裤，再穿裤子才行！

一旦指令不按顺序设定，就会出现这样尴尬的场面！

> 哎哟，好尴尬！

培养编程思维

下面，我们按照正确的顺序来制作一份美食吧！

首先，确定目标，将所需的步骤按顺序整理出来。

然后，按照步骤依次设定好，不能有遗漏或者调换顺序。

一旦步骤出错，你就会得到一份乱七八糟的食物哦！

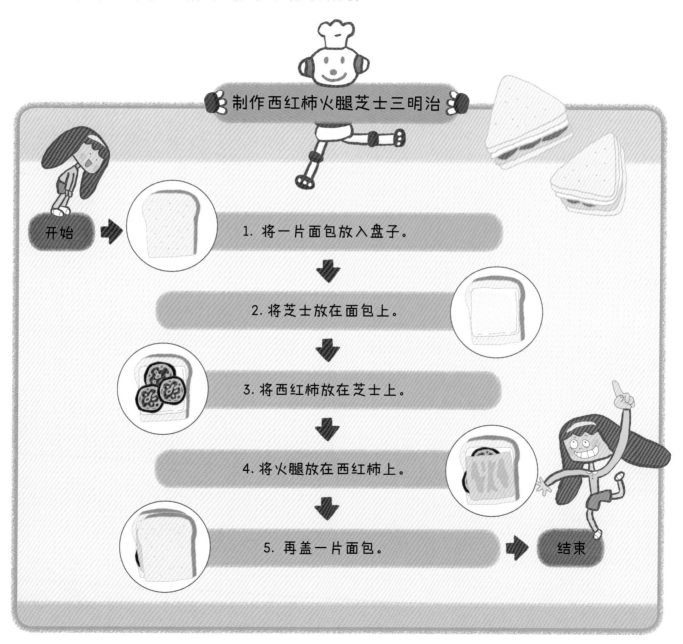

制作西红柿火腿芝士三明治

开始

1. 将一片面包放入盘子。

2. 将芝士放在面包上。

3. 将西红柿放在芝士上。

4. 将火腿放在西红柿上。

5. 再盖一片面包。

结束

制作自己的专属美食

你整理好所有的步骤了吗？
在爸爸妈妈的帮助下，按照步骤
顺序，制作你的专属美食吧。